1 くちばしと どうぶつの は

- きつつき
- つばめ
- おうむ
- はちどり
- おおわし
- ペリカン
- はしびろこう
- ペンギン
- フラミンゴ
- おおはし
- かわせみ
- はしびろがも
- よたか
- とら
- りす
- うま
- かば
- ぞう
- いるか
- カメレオン
- かものはし
- わに
- おにいとまきえい

2 うみと もりの かくれんぼ

- たこ
- ピグミーシーホース
- かれい
- かみそりうお
- へこあゆ
- リーフィーシードラゴン
- いそこんぺいとうがに
- こまちこしおりえび
- もくずしょい
- かえるあんこう
- ガラスはぜ
- えだしゃく
- ななふし
- やもり
- はなかまきり
- よたか
- よしごい
- あげは
- あまがえる
- ゆきうさぎ
- あぶらぜみ
- とのさまばった
- ごまだらちょう

3 生きものの 赤ちゃん

- ライオン
- しまうま
- パンダ
- カンガルー
- オランウータン
- おおありくい
- いのしし
- かるがも
- こうていペンギン
- あざらし
- ほっきょくぐま
- うみがめ
- さけ
- こちどり
- かえるあまだい
- ぞう

4 てきから みを まもる ちえ

- はりねずみ
- アルマジロ
- やまあらし
- スカンク
- プレーリードッグ
- インパラ
- しまうま
- じゃこううし
- ももんが
- オポッサム
- ふくろうちょう
- すずめが
- いいだこ
- せみほうぼう
- かくれくまのみ
- そめんやどかり
- きんちゃくがに
- こばんざめ
- ほんそめわけべら
- いわし
- やどくがえる
- おぶとさそり
- キングコブラ
- おおすずめばち
- とびずむかで
- ひょうもんだこ

教科書にでてくる　生きものをくらべよう 2

うみと　もりのかくれんぼ

監修　今泉忠明

Gakken

広《ひろ》い 広《ひろ》い 海《うみ》の 中《なか》。なにも 生《い》きものが いないように
見《み》える ところにも、じつは いろいろな 生《い》きものが
かくれて います。

なにが かくれて いるのでしょう。
どんな ふうに
かくれて いるのでしょう。
かくれる 生《い》きものの くふうを
見《み》て みましょう。

岩《いわ》の　間《あいだ》に、なにか
かくれて　います。
なにが　かくれて
いるのでしょう。

かくれて いたのは、
たこです。

たこの 体《からだ》は、まわりに 合《あ》った 色《いろ》や 形《かたち》に かわります。
ごつごつした 岩《いわ》のような 形《かたち》に なったり、
海《かい》ていの すなに そっくりの 色《いろ》に なったり するのです。
こうして、てきや えものに 見《み》つからないように
かくれて います。

さんごの 間《あいだ》に、なにか かくれて います。

ピグミーシーホースと　いう
たつのおとしごの　なかまです。
この　たつのおとしごは、
自分《じぶん》の　体《からだ》の　色《いろ》に　そっくりな
さんごの　間《あいだ》で　くらして　います。
こうして、
てきから　かくれて　います。

ものしりメモ

さんごは　どくばりを　もって　いて、
ほかの　魚《さかな》は　なかなか　近《ちか》づけないので
かくれるのに　よい　すみかです。

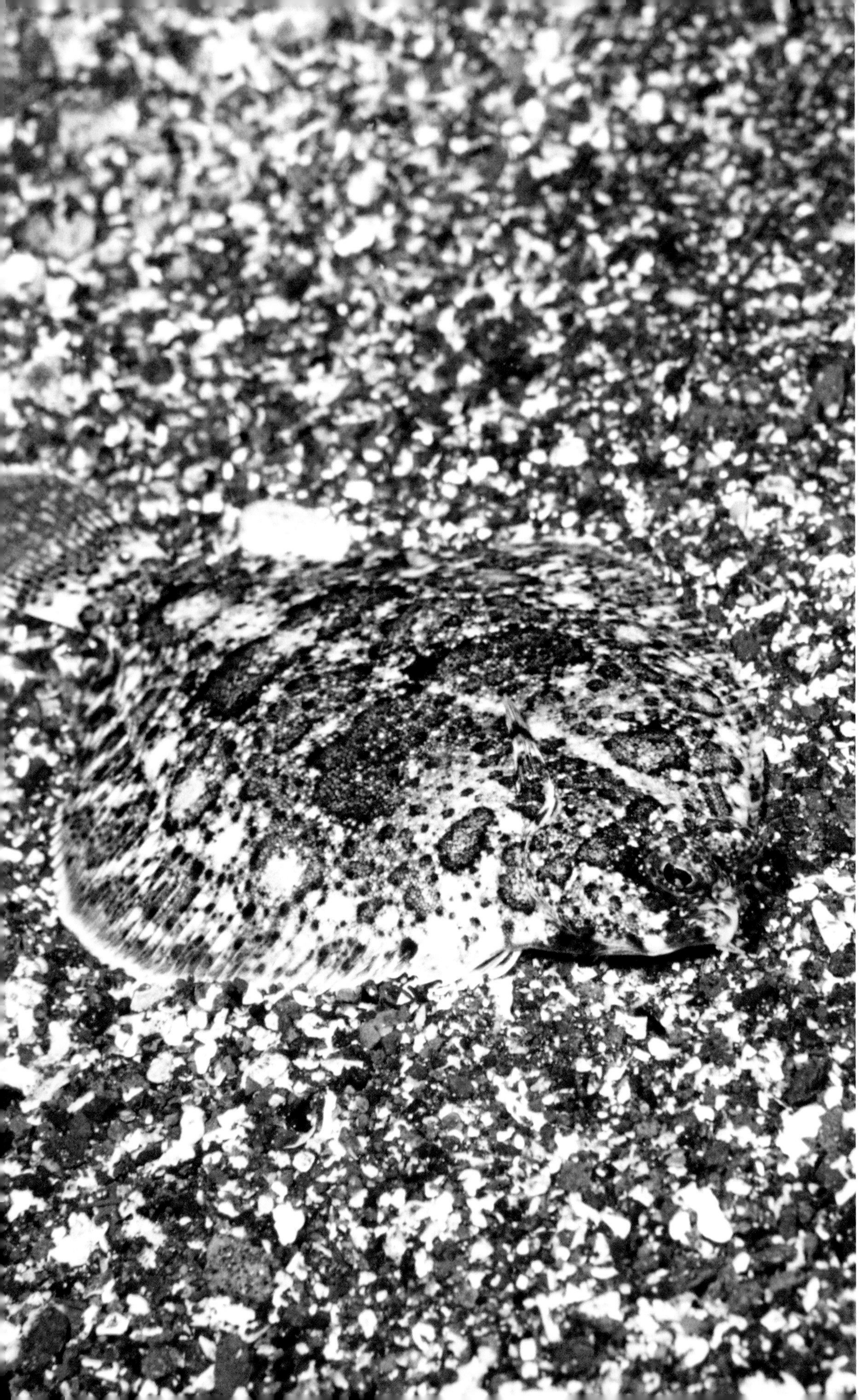

海《うみ》の　そこの　すなに、なにか　かくれて　います。

かれいと　いう　魚《さかな》です。
かれいは　ひらたい　体《からだ》を　して　いて、
色《いろ》や　もようが　すなと　そっくりに
かわる　しくみが　あります。
そして、小《ちい》さな　生《い》きものが　かれいに
気《き》づかずに　近《ちか》づくと、かれいは
いきなり　ぱくりと　食《た》べて　しまいます。

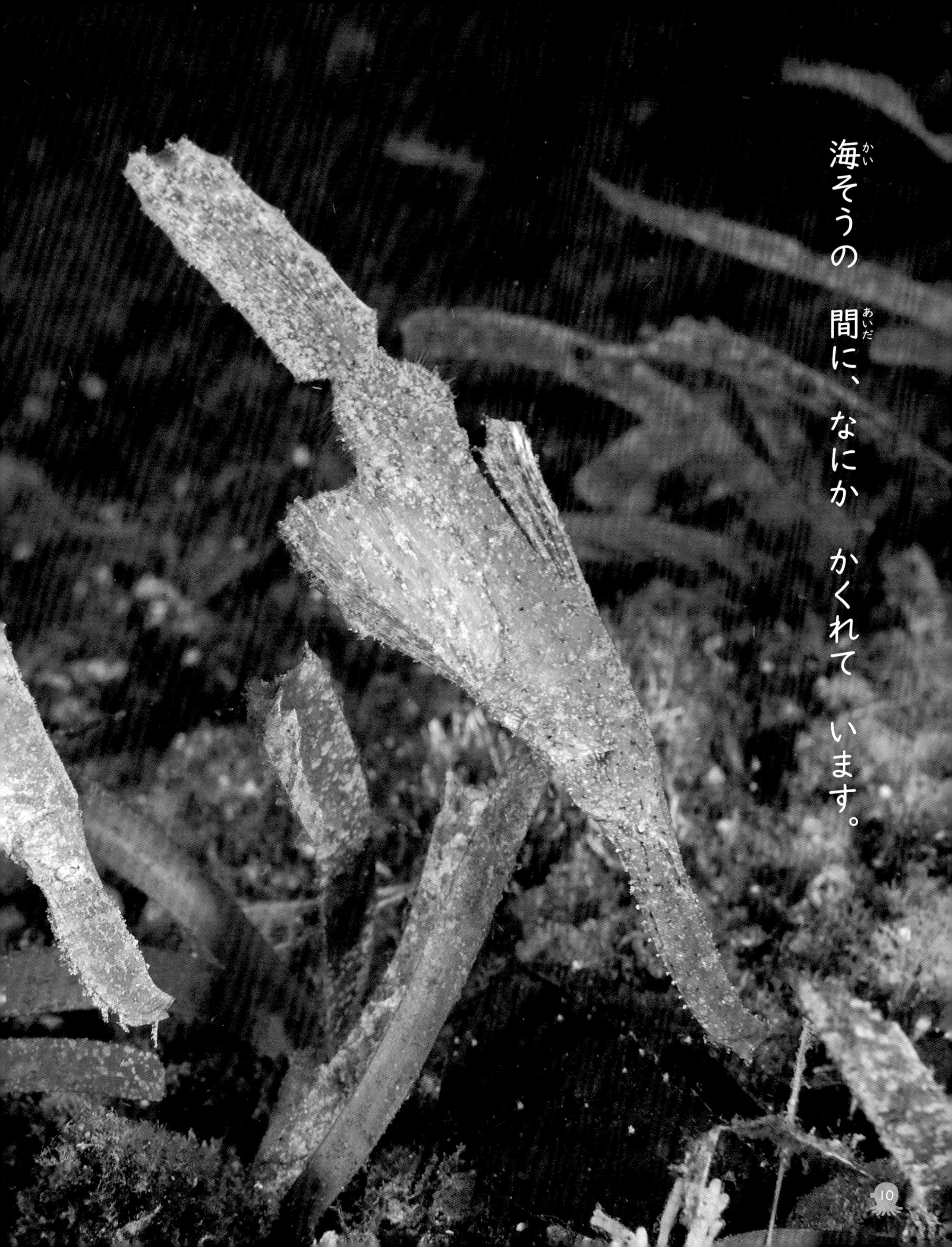

海《かい》そうの　間《あいだ》に、なにか　かくれて　います。

かみそりうおと　いう　魚《さかな》です。
かみそりうおの　体《からだ》は、
海《かい》そうに　そっくりです。
そして、なみに　みを　まかせて　海《かい》そうと
いっしょに　ゆらゆらと　ゆれて　います。
こうして　いると、
てきから　見《み》つからずに　すむのです。

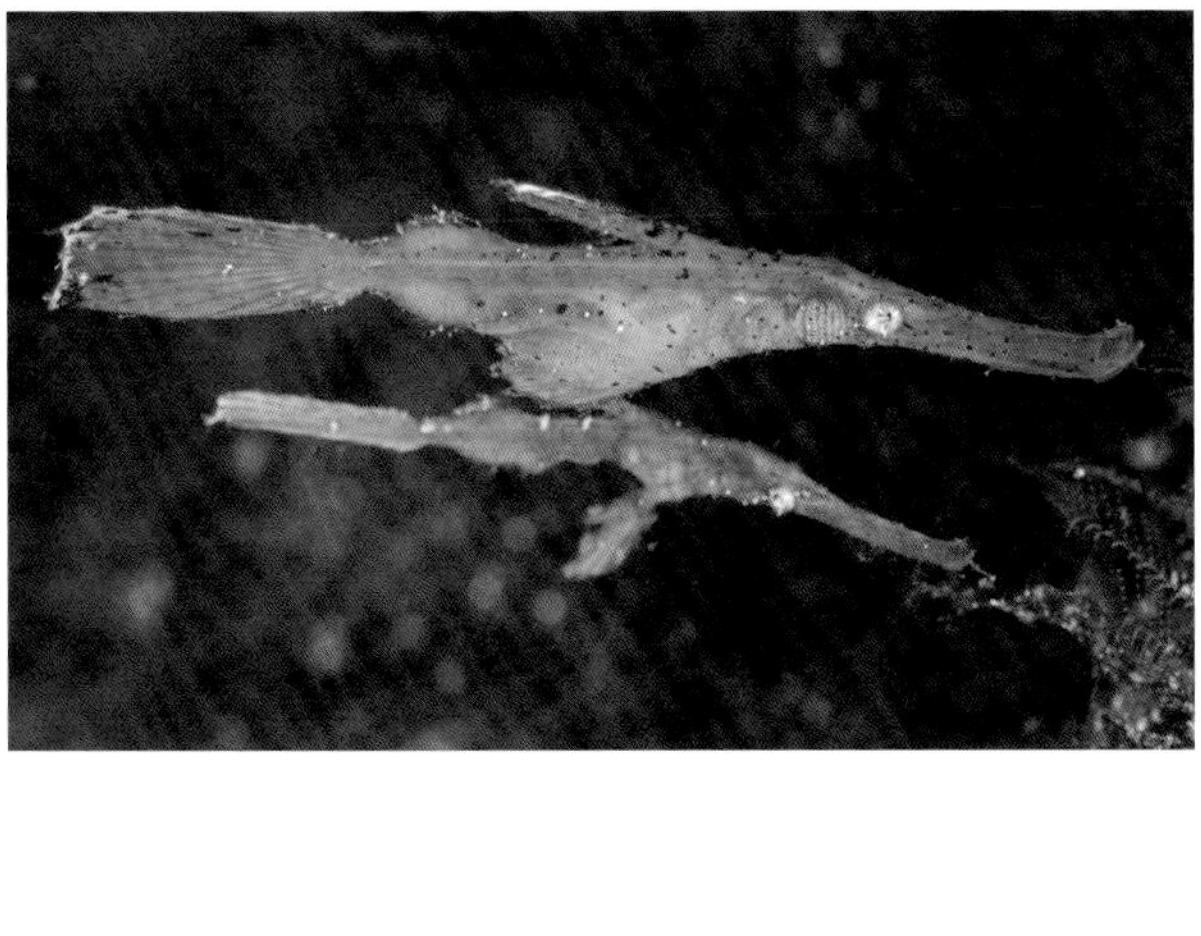

さんごの 間《あいだ》に、
なにかの むれが
かくれて います。

へこあゆと　いう　魚《さかな》の　むれです。
へこあゆの　細《ほそ》くて　ひらたい　体《からだ》には、
こい　色《いろ》の　すじが　あります。
むれに　なって　いると、その　すじが　かさなって、
まわりに　ある　さんごや　海《かい》そうに　そっくりに　見《み》えます。
すると、てきから　えものだと　気《き》づかれずに　すむのです。

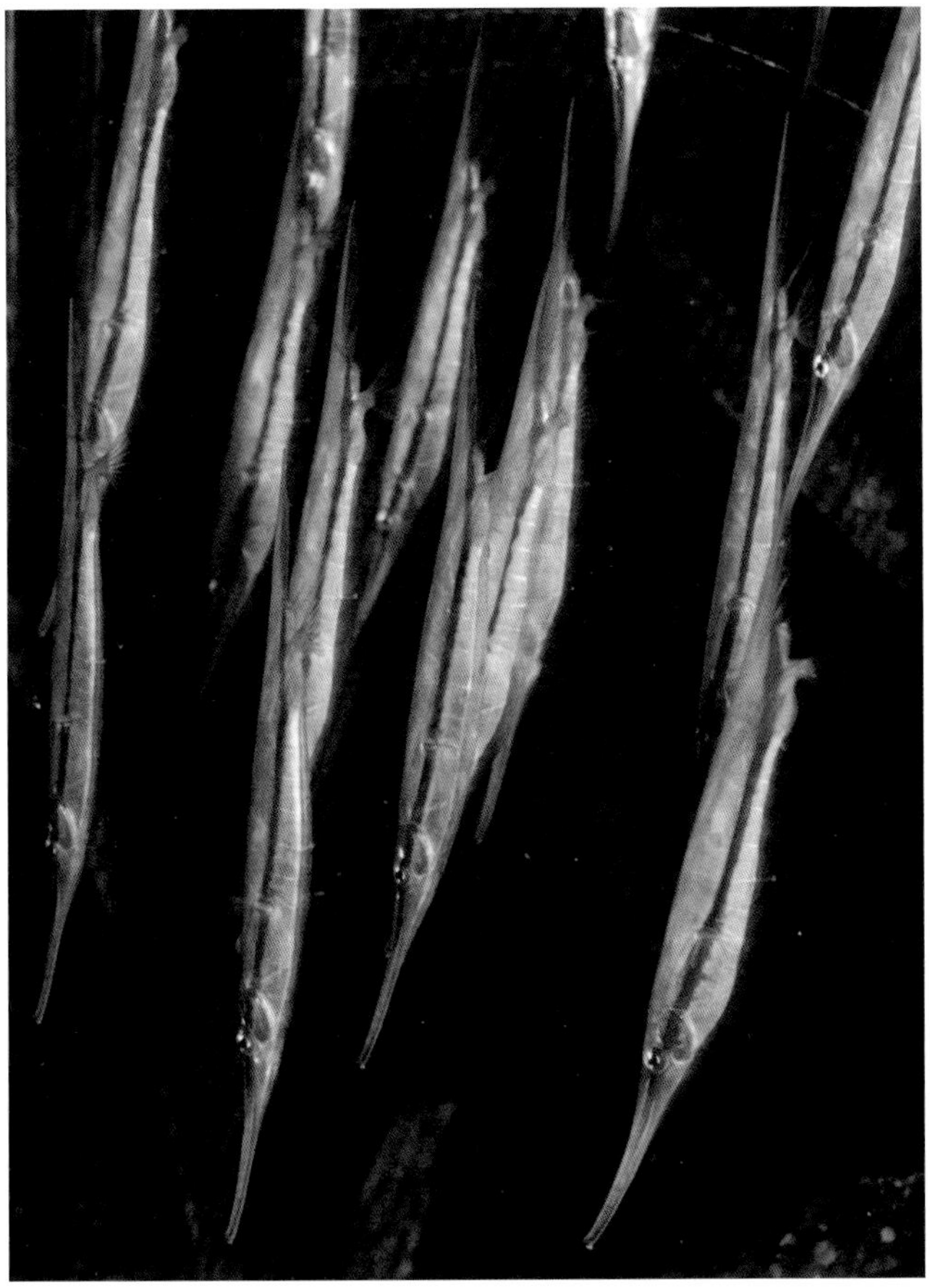

ものしりメモ
へこあゆは、さんごの　ほかにも
がんがぜと　いう　うにの　なかまの
とげの　間《あいだ》にも　よく　かくれます。

海《かい》そうの　そばに、
なにか　かくれて　います。

リーフィーシードラゴンと　いう
たつのおとしごの　なかまです。
せなかや　むね、おに　ついて　いる
うすく　広《ひろ》がった　ひれが
海《かい》そうに　そっくりです。
そして、ひれを　じょうずに　うごかして
海《かい》そうと　同《おな》じように　ゆれて　います。
こうして　いれば、
てきに　見《み》つかりません。

さんごの　先《さき》に、　なにか
かくれて　います。

いそこんぺいとうがにと　いう
かにです。
いそこんぺいとうがには、
おかしの　こんぺいとうのような
とげとげの　ある　体《からだ》を
して　います。
そのうえ、さんごの
赤《あか》い　体《からだ》を　はさみで
切《き》って、自分《じぶん》の　体《からだ》に
つける　ことが　できます。

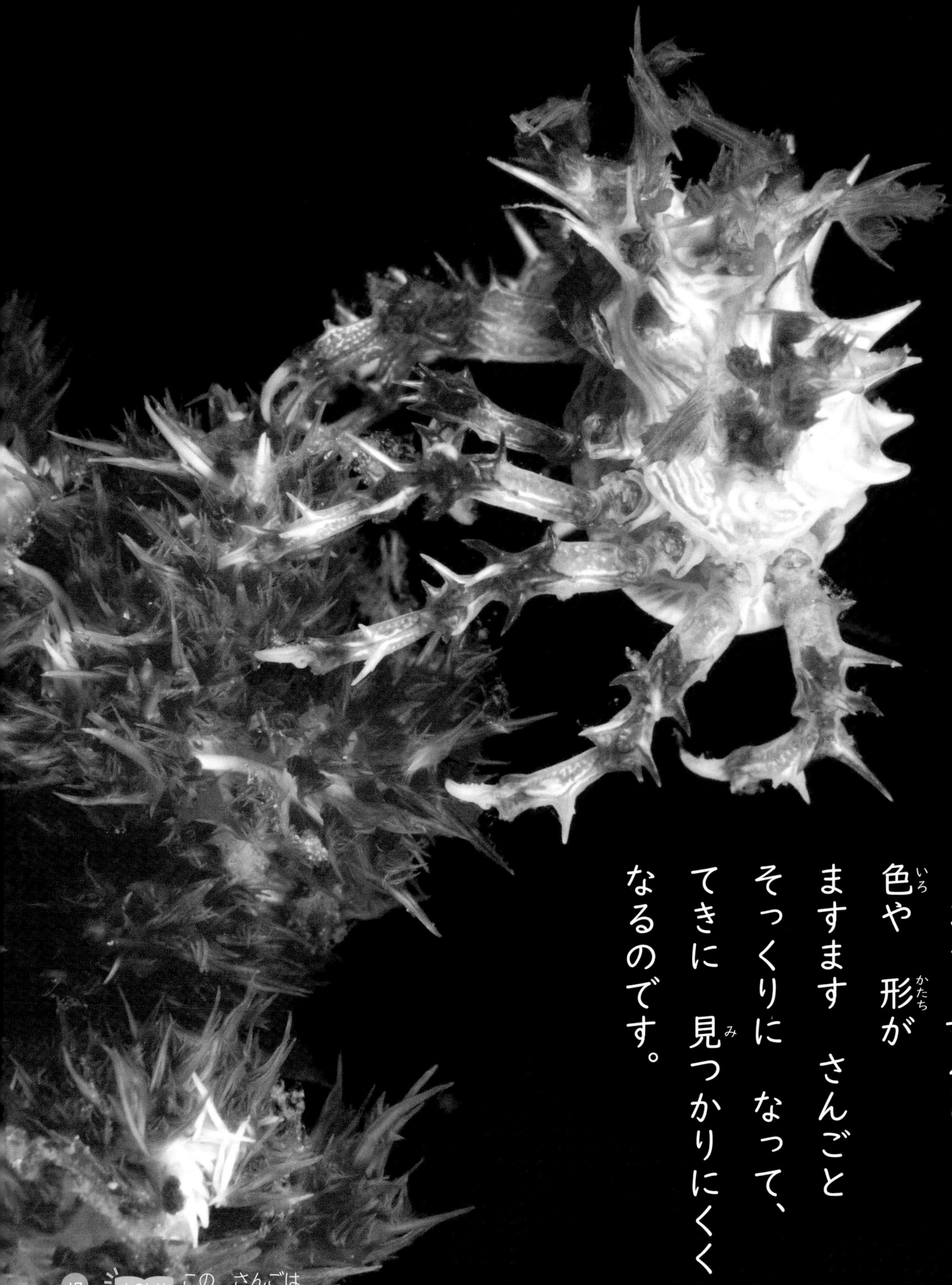

こう　すると、
色《いろ》や　形《かたち》が
ますます　さんごと
そっくりに　なって、
てきに　見《み》つかりにくく
なるのです。

ものしりメモ
この　さんごは
「うみとさか」と　いいます。

海《うみ》の かくれんぼ

もように まぎれる

こまちこしおりえび

こまちこしおりえびは、うみしだと いう生《い》きものにしがみついてくらして います。すみかに するうみしだに、色《いろ》やもようが そっくりです。こうして みをかくして います。

せなかに 海《かい》そうを トッピング

もくずしょい

もくずしょいは、海《かい》そうが はえる 海《うみ》のそこに すむ かにです。体《からだ》に 海《かい》そうなどを つけているので、まわりの けしきにそっくりです。

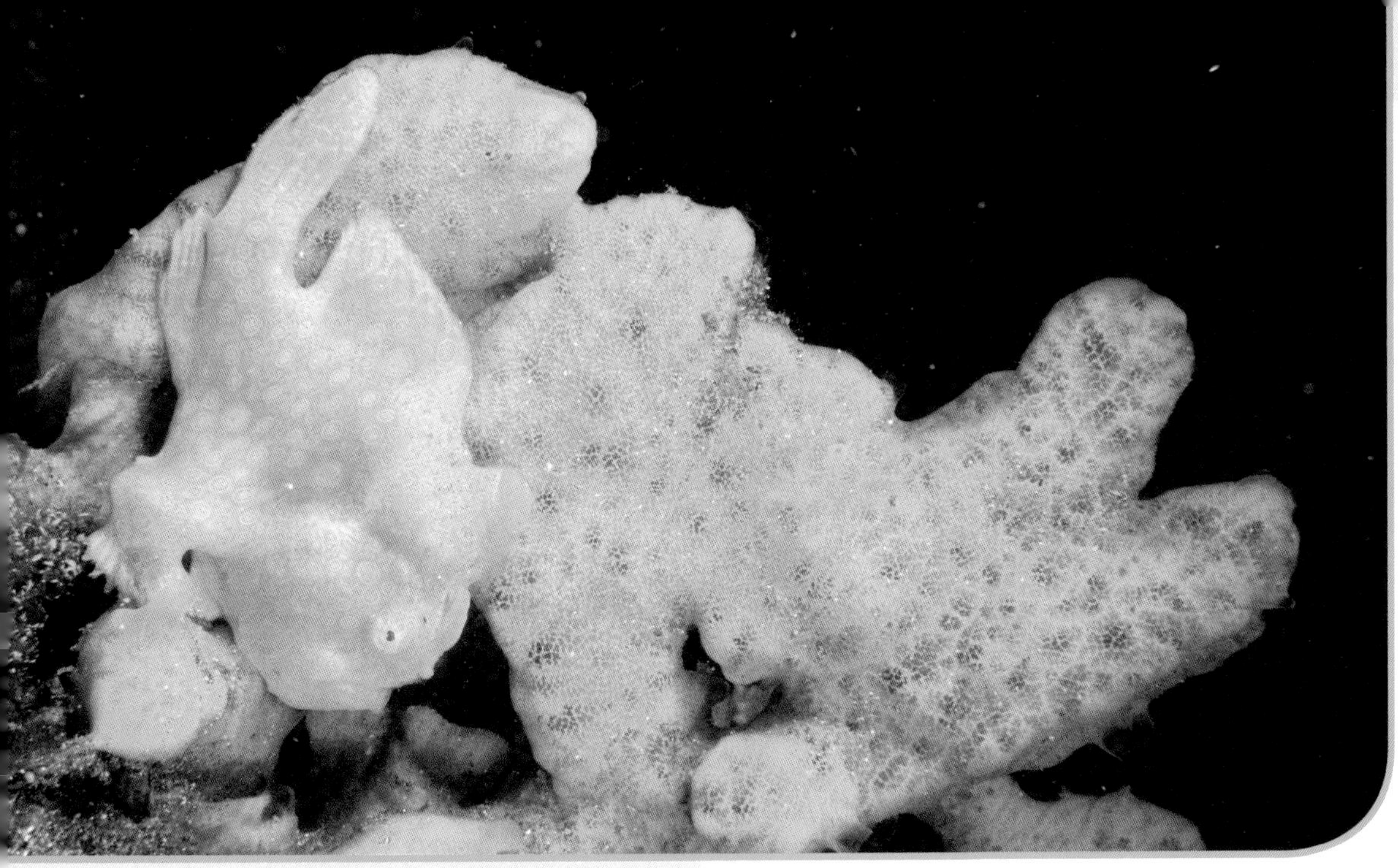

色《いろ》とりどり　かくれんぼの　天才《てんさい》

かえるあんこう

かえるあんこうは、
およぐのが　にがてで
すばやく　にげられません。
そのかわりに　赤《あか》、黄色《きいろ》、
茶色《ちゃいろ》などの　いろいろな
色《いろ》を　して　いて、
体《からだ》の　色《いろ》と　同《おな》じような
色《いろ》の　ばしょで
くらして　います。

すけすけの　しましま

ガラスはぜ

ガラスはぜは、
すきとおった　体《からだ》を
して　います。
そのうえ、しまもようも
あります。
さんごの　なかまに
ぴったりと　くっつくと、
すぐには　見《み》つける　ことが
できません。

草《くさ》や　木《き》が　たくさん　しげった　森《もり》の　中《なか》。
えだや　花《はな》、はの　上《うえ》にも、いろいろな　生《い》きものが
いろいろな　ほうほうで　かくれて　います。

木《き》の　えだに、
なにか　かくれて　います。
なにが　かくれて　いるのでしょう。

がの なかまの
えだしゃくの よう虫《ちゅう》です。

えだしゃくの よう虫《ちゅう》は、
木《き》の えだに そっくりな
体《からだ》を して います。
鳥《とり》などの てきは、
かんたんには 見《み》つける
ことが できません。

うごくと こんな すがたです。

ものしりメモ えだしゃくの よう虫《ちゅう》は、おとなに なると
木《き》の かわに そっくりの がに なります。

この 木《き》の 中《なか》にも
なにかが かくれて います。

ななふしです。
ばったに 近《ちか》い なかまで、
細《ほそ》長《なが》い あしや 体《からだ》が
木《き》の えだに そっくりです。
ふだんは あまり
うごきません。
ななふしは、 こうして
てきに 見《み》つからずに、 はを
食《た》べる ことが できるのです。

木《き》の　みきに、なにか　かくれて　います。

やもりです。
　この　やもりは、
体《からだ》の　色《いろ》や　もようが
木《き》の　みきに　そっくりです。
　木《き》の　みきに
ぴたりと　はりついて、
にんじゃのように
かくれて　います。
　こうして、
えものと　なる　虫《むし》などを
まちぶせしたり、
てきで　ある　鳥《とり》から
かくれたり　して　います。

らんの　花《はな》の　先《さき》に、なにか　かくれて　います。

はなかまきりです。
その　すがたは、らんの　花《はな》に　そっくりです。

こうして、花《はな》に　みつを
すいに　くる　虫《むし》を
まって　いるのです。
虫《むし》が　まちがえて
はなかまきりに
とまろうと　すると、
おそろしい　かまで
いっしゅんの　うちに
つかまえて　しまいます。

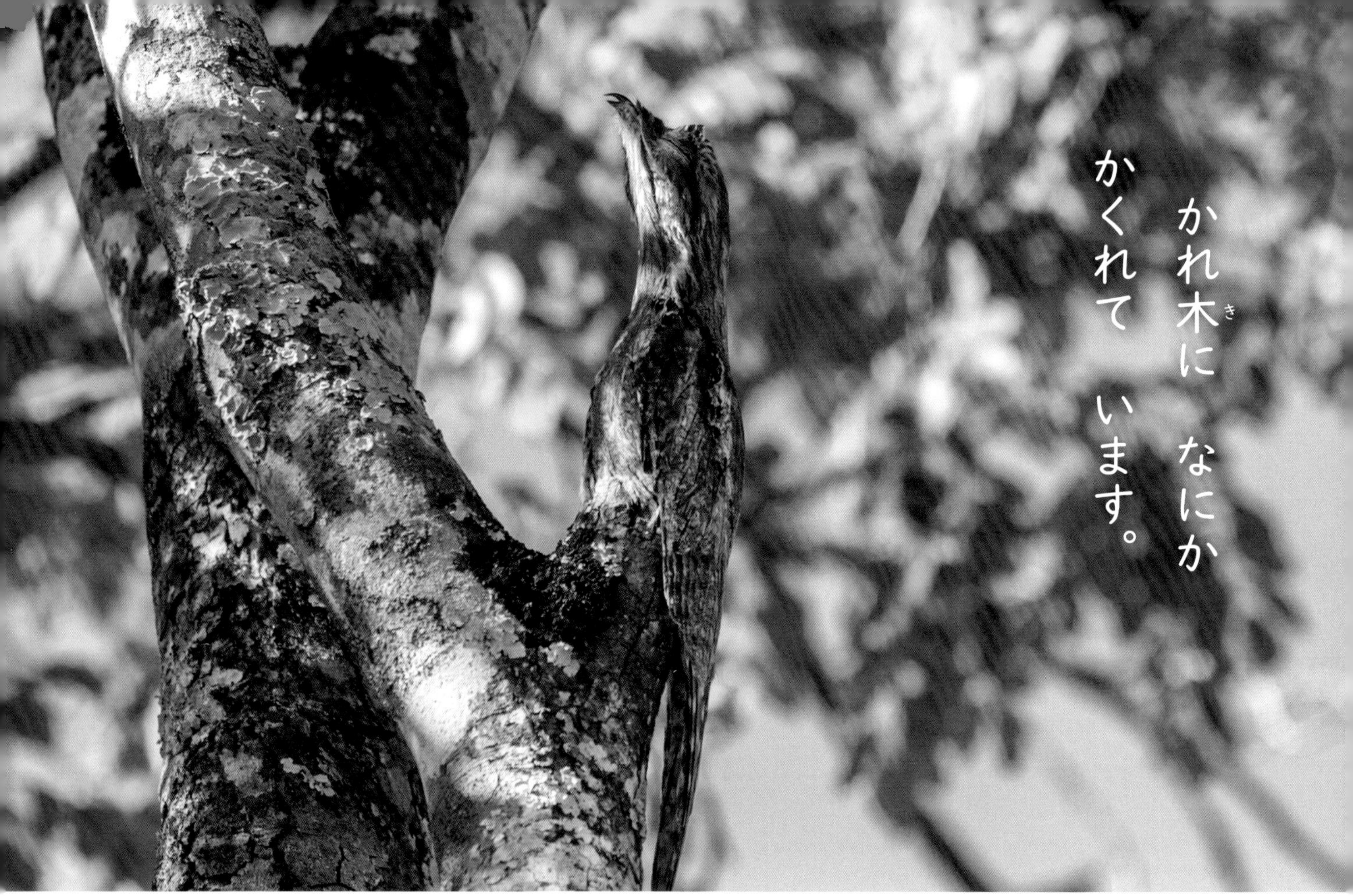

かれ木《き》に　なにか
かくれて　います。

よたかと　いう　鳥《とり》です。
体《からだ》の　色《いろ》は　うすい
茶色《ちゃいろ》や　こい　茶色《ちゃいろ》で、
かれ木《き》に　そっくりな
もようが　あります。

ものしりメモ

よたかは、昼間《ひるま》は　かれ木《き》のような
すがたで　ほとんど　うごきません。
夜《よる》に　なって　虫《むし》を　見《み》つけると、
とびおりて　つかまえます。

よしと　いう　草《くさ》の　間《あいだ》にも、なにか　かくれて　います。

よしごいと　いう　鳥《とり》です。

よしごいは　きけんを　かんじると、首《くび》を　まっすぐ　上《うえ》に

のばしたまま　うごかなく　なります。

すると、首《くび》の　下《した》がわに　ある　茶色《ちゃいろ》い　すじが

よしの　くきのように　見《み》えるのです。

みかんの　はの　上《うえ》に、
鳥《とり》の　ふんのような
ものが　あります。

これは、たまごから
かえって　まもない
あげはの　よう虫《ちゅう》です。
鳥《とり》の　ふんに
そっくりなので、
てきは　なかなか
見《み》つける　ことが
できません。

こちらは、
少《すこ》し　大《おお》きく　なった
あげはの　よう虫《ちゅう》です。
まわりの　はと　同《おな》じ、
みどり色《いろ》の　体《からだ》に
かわって　います。
あげはの　よう虫《ちゅう》は、
形《かたち》や　色《いろ》が　かわりながら
大《おお》きく　なります。

おとなに　なった　あげは。

草《くさ》の　はの　上《うえ》に、
なにか　かくれて　います。
ぜんぶで、
三《さん》びき　います。

あまがえるです。
みどり色《いろ》の　はの　上《うえ》に
いる　ときには、
あまがえるの　体《からだ》の　色《いろ》は
みどり色《いろ》に　なります。

こちらでは、かれはの 上《うえ》に 一《いっ》ぴき かくれて います。

茶色《ちゃいろ》い かれはの 上《うえ》に いる ときには、体《からだ》の 色《いろ》が 茶色《ちゃいろ》に かわります。

あまがえるは、ばしょに 合《あ》った 体《からだ》の 色《いろ》に なる ことが できるのです。

こう すると、鳥《とり》に 見《み》つかりにくく なります。

雪《ゆき》が　つもった　ところに、
なにか　かくれて
います。

ゆきうさぎです。
まっ白《しろ》な　体《からだ》なので、雪《ゆき》と　見分《みわ》けが　つきません。

こちらでは、岩《いわ》の　間《あいだ》に、
なにか　かくれて　います。
これも　ゆきうさぎです。
夏《なつ》に　なると、茶色《ちゃいろ》い　毛《け》に
はえかわります。
　きせつに　よって、
てきが　見《み》つけにくい
毛《け》の　色《いろ》に　かわる　ことで、
みを　まもって　いるのです。

毛《け》が　はえかわる
とちゅうの
ゆきうさぎ。

見《み》やぶれるか？ 森《もり》の かくれんぼ

声《こえ》が するのに 見《み》つからない
木《き》の みきに そっくり

あぶらぜみ

ジージーと 鳴《な》く あぶらぜみ。
はねの 色《いろ》が 木《き》の みきに
そっくりなので、声《こえ》は 聞《き》こえても
なかなか 見《み》つかりません。

みどり色《いろ》や　茶色《ちゃいろ》で　草《くさ》の
中《なか》に　まぎれる

とのさまばった

とのさまばったには、みどり色《いろ》の　ものと　茶色《ちゃいろ》い　ものとが　います。

草《くさ》むらには　みどり色《いろ》の　ばったが、かれ草《くさ》の　多《おお》い　ばしょには　茶色《ちゃいろ》い　ばったが　います。

まわりの　色《いろ》に　そっくりです。

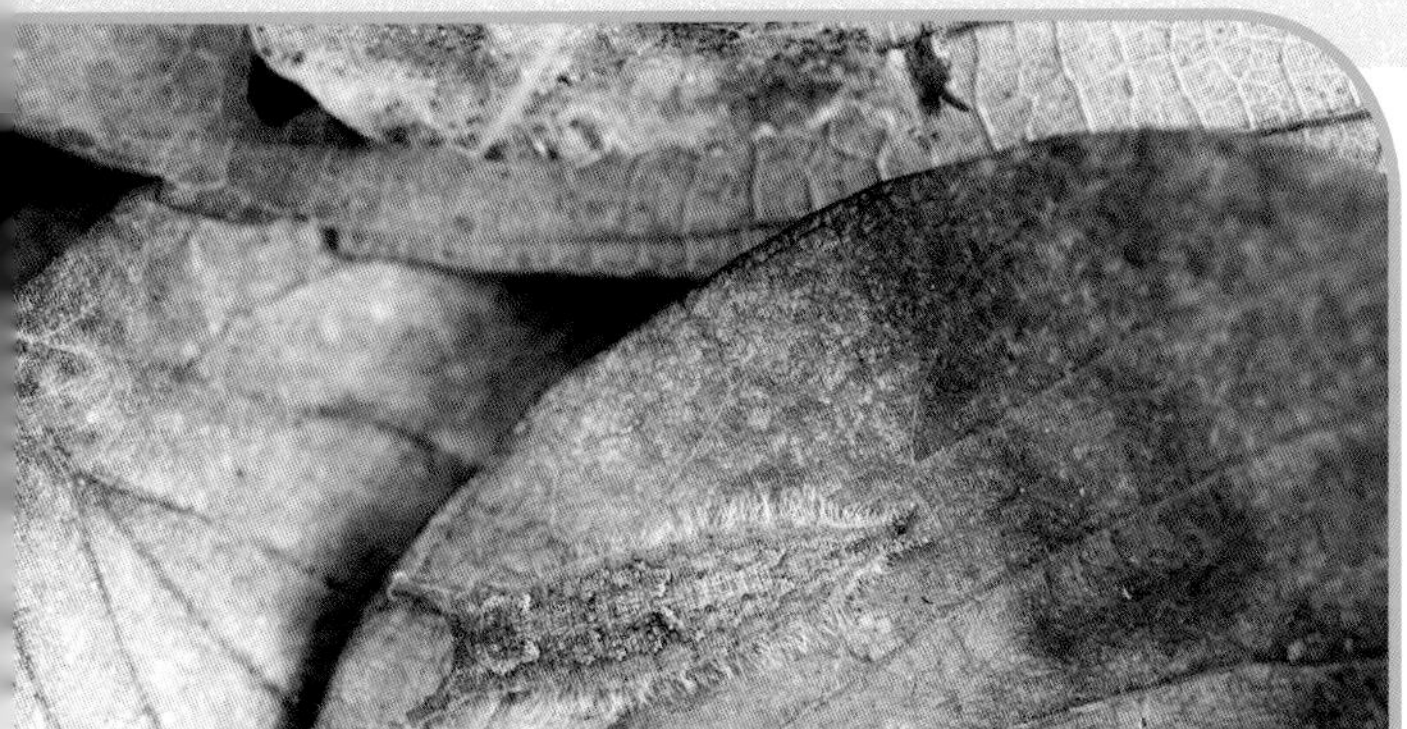

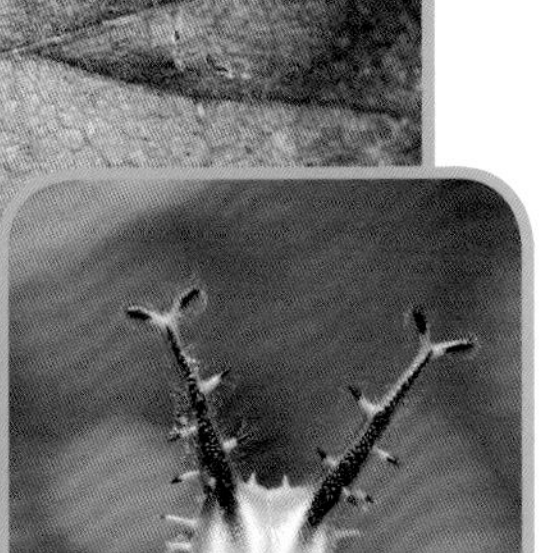

みどり色《いろ》から　茶色《ちゃいろ》に　へんしん

ごまだらちょうの　よう虫《ちゅう》

ごまだらちょうの　よう虫《ちゅう》は、夏《なつ》には　みどり色《いろ》の　すがたで　はっぱを　食《た》べて　います。

冬《ふゆ》に　なると　かれはの　色《いろ》に　なって、じっと　春《はる》を　まちます。

この本《ほん》にでてきた生《い》きものずかん

6ページ
ピグミーシーホース

[体長《たいちょう》：1～2cm] やわらかい　サンゴの　中《なか》に　すむ。色《いろ》だけで　なく　こぶの　形《かたち》まで　サンゴに　そっくり。

2ページ
マダコ

[体長《たいちょう》：60cm くらい] せかい中《じゅう》の　海《うみ》に　すむ。あしに　たくさんの　きゅうばんが　ならび、岩《いわ》に　よく　すいつく。

12ページ
ヘコアユ

[体長《たいちょう》：15cm くらい] 日本《にほん》の　南《みなみ》の　海《うみ》に　すむ。いつも　頭《あたま》を　下《した》に　して　いる。小《ちい》さな　エビなどを　食《た》べる。

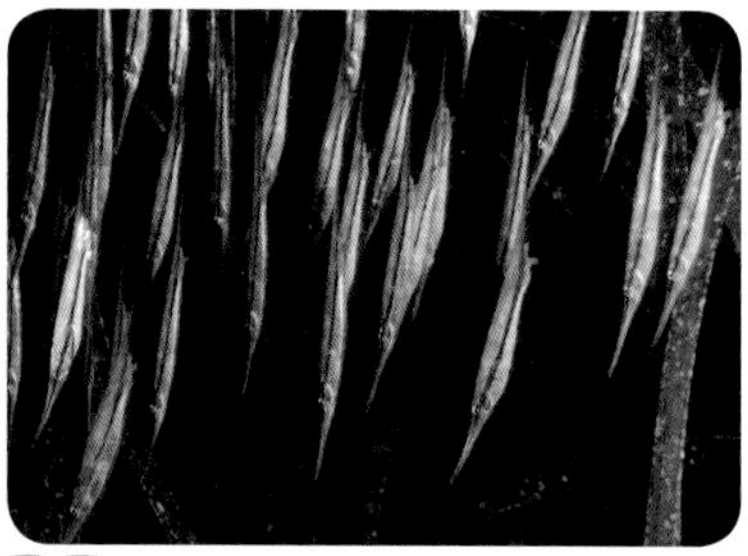

10ページ
カミソリウオ

[体長《たいちょう》：7～11cm] インドようなどに　すむ。めすが　はらびれで　たまごを　まもる。いつも　おすと　いっしょに　いる。

8ページ
メイタガレイ

[体長《たいちょう》：20cm くらい] 日本《にほん》の　海《うみ》に　すむ。目《め》が　つき出《で》て　いて、とげが　ある。メダカガレイとも　よばれる。

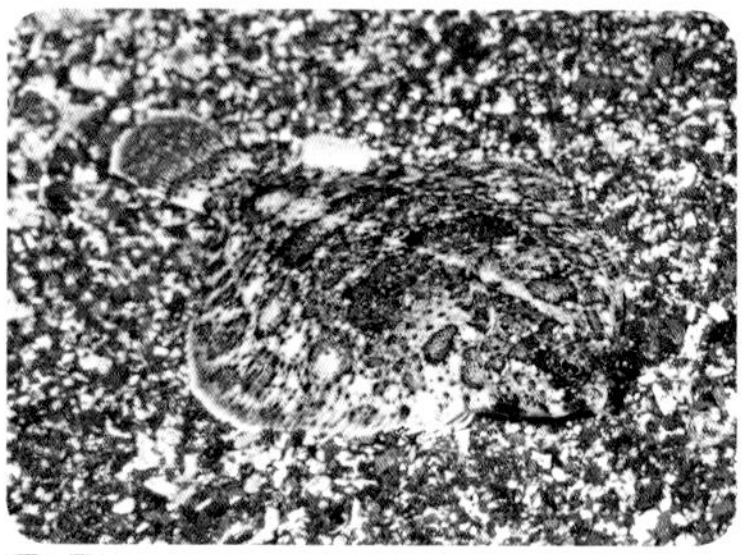

18ページ
コマチコシオリエビ

[体長《たいちょう》：1～2cm] サンゴしょうに　すみ、ウミシダと　にた　色《いろ》に　なる。ヤドカリに　近《ちか》い　なかま。

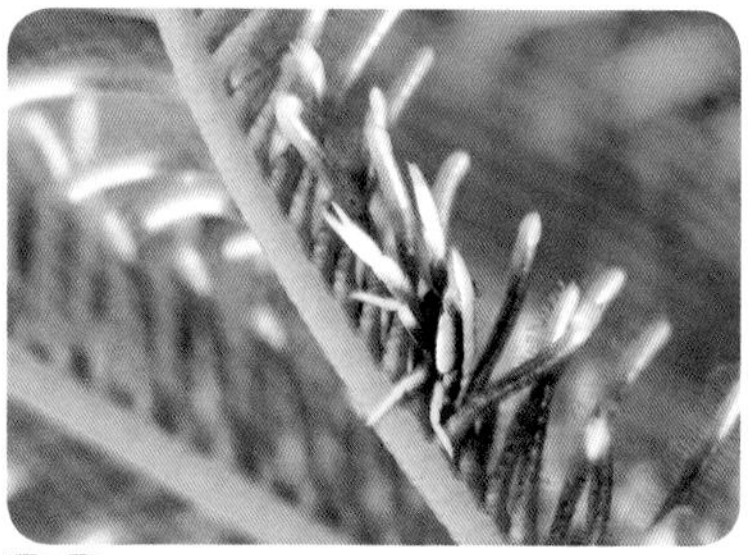

16ページ
イソコンペイトウガニ

[体長《たいちょう》：2cm くらい(こうらのはば)] サンゴしょうに　すむ。ちぎれて　いる　サンゴの　近《ちか》くを　さがすと、見《み》つかる　ことが　ある。

14ページ
リーフィーシードラゴン

[体長《たいちょう》：25cm くらい] オーストラリアの　海《うみ》に　すむ。せびれの　うごきで　前《まえ》に　すすみ、むなびれで　ほうこうを　かえる。

19ページ
ガラスハゼ

[体長《たいちょう》：3cm くらい] 日本《にほん》から　インドまでの　海《うみ》に　すむ。おすと　めすが　いっしょに　サンゴに　ついて　いる　ことが　多《おお》い。

19ページ
イロカエルアンコウ

[体長《たいちょう》：16cm くらい] 南《みなみ》の　海《うみ》に　すむ。おでこから　のびた　ぼうの　先《さき》を　えさに　見《み》せて、近《ちか》づいた　えものを　つかまえる。

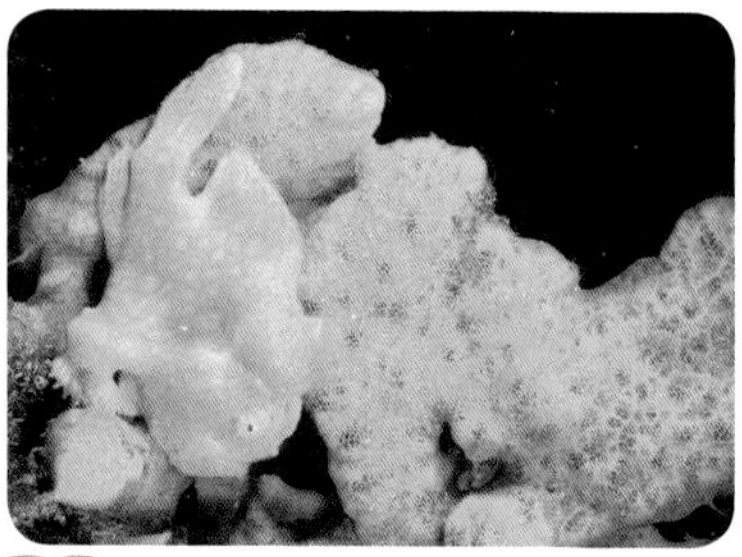

18ページ
モクズショイ

[体長《たいちょう》：3～4cm（こうらのはば)] 南《みなみ》の　海《うみ》に　すむ。こうらに　はえて　いる　まがった　とげに、海《かい》そうや　ごみが　つく。

24ページ ヤマビタイヘラオヤモリ

[体長《たいちょう》：18cm くらい] マダガスカルとうに すむ。夜《よる》に　虫《むし》を　つかまえる。たまごは いちどに　2こ　じめんに　うむ。

23ページ ナナフシモドキ

[体長《たいちょう》：6～8cm] 本《ほん》しゅう・四国《しこく》・九《きゅう》しゅうに すむ。みぢかな　林《はやし》などに　よく　いるが、なかなか　見《み》つけられない。

20ページ クワエダシャク

[体長《たいちょう》：5cm くらい] 日本《にほん》の　野山《のやま》に　すむ。おちばなどに　入《はい》りこんで　冬《ふゆ》を　こす。6月《がつ》ごろ　ガに　なる。

29ページ ヨシゴイ

[体長《たいちょう》：35cm くらい] 5月《がつ》ごろ　南《みなみ》から 日本《にほん》に　子《こ》そだてに　来《く》る。ヨシ(アシ)と いう　しょくぶつの　しげみに　すむ。

28ページ ハイイロタチヨタカ

[体長《たいちょう》：50cm くらい] 中《ちゅう》おうアメリカなどに すむ。森《もり》の　中《なか》で　とても　さびしい 声《こえ》で　鳴《な》く。

26ページ ハナカマキリ

[体長《たいちょう》：7cm くらい] 東南《とうなん》アジアの　森《もり》に すむ。だっぴを　するごとに、すがたが らんの　花《はな》に　にて　くる。

34ページ ユキウサギ

[体長《たいちょう》：50～58cm] ヨーロッパや　アジアに すむ。夜《よる》に　かつどうし、昼《ひる》は　雪《ゆき》の　上《うえ》や あなの　中《なか》で　ねむる。

32ページ ニホンアマガエル

[体長《たいちょう》：3～4cm] 日本《にほん》ぜん国《こく》に　すむ。ひくい　木《き》や　草《くさ》の　上《うえ》に　いる。雨《あめ》が　ふる　前《まえ》に、よく　鳴《な》く。

30ページ アゲハ（ナミアゲハ）

[体長《たいちょう》：7～9cm（広《ひろ》げたはね）] 日本《にほん》ぜん国《こく》に すむ。よう虫《ちゅう》は　いったん　さなぎに なってから、せい虫《ちゅう》に　へんしんする。

37ページ ゴマダラチョウ

[体長《たいちょう》：7cm くらい（広《ひろ》げたはね）] 日本《にほん》ぜん国《こく》に すむ。よう虫《ちゅう》の　じょうたいで　冬《ふゆ》を　こす。せい虫《ちゅう》は　木《き》の　しるに　あつまる。

37ページ トノサマバッタ

[体長《たいちょう》:3～5cm] 日本《にほん》など、東《ひがし》アジアに　すむ。大《だい》はっせいして、まわりの　草《くさ》を 食《た》べつくす　ことが　ある。

36ページ アブラゼミ

[体長《たいちょう》:5～6cm] 日本《にほん》など、東《ひがし》アジアに　すむ。よう虫《ちゅう》は　じめんの　下《した》で　7～8年《ねん》 すごして、せい虫《ちゅう》に　なる。

● 監修
今泉忠明
動物学者。「ねこの博物館」館長。東京水産大学（現・東京海洋大学）卒業。国立科学博物館で哺乳類の分類学、生態学を学び、各地で哺乳動物の生態調査を行っている。『学研の図鑑 LIVE』（学研）、『ざんねんないきもの事典』（高橋書店）など著書・監修書籍多数。

● 編集協力
（有）きんずオフィス

● 装丁・本文デザイン
カミグラフデザイン

● 写真協力
アフロ
下記に記載のないものはすべて

アマナイメージズ
P13 下，P26，P27，P29，P32，P33，P39（ハナカマキリ）

川邊透
P20，P21，P22，P37（緑色のゴマダラチョウの幼虫），
P39（クワエダシャク）

PIXTA
P23 上，P39（アゲハ，ニホンアマガエル，
アブラゼミ，トノサマバッタ，ゴマダラチョウ）

● DTP
（株）四国写研

監修　今泉忠明　NDC480（動物学）
教科書にでてくる　生きものをくらべよう　全 4 巻
❷ うみと　もりの
かくれんぼ
学研プラス　2020　40P 26.2cm
ISBN 978-4-05-501322-2　C8345

教科書にでてくる　生きものをくらべよう

2 うみと　もりの かくれんぼ

2020 年 2 月 18 日　初版第 1 刷発行
2022 年 2 月 8 日　第 4 刷発行

監修　今泉忠明
発行人　代田雪絵
編集人　松田こずえ
編集担当　山下順子
発行所　株式会社 学研プラス
〒 141-8415
東京都品川区西五反田 2-11-8
印刷所　大日本印刷株式会社

この本に関する各種お問い合わせ先
● 本の内容については、下記サイトのお問い合わせフォームよりお願いします。
https://gakken-plus.co.jp/contact/
● 在庫については　Tel 03-6431-1197（販売部直通）
● 不良品（落丁、乱丁）については　Tel 0570-000577
学研業務センター　〒 354-0045 埼玉県入間郡三芳町上富 279-1
● 上記以外のお問い合わせは
Tel 0570-056-710（学研グループ総合案内）